AF610982

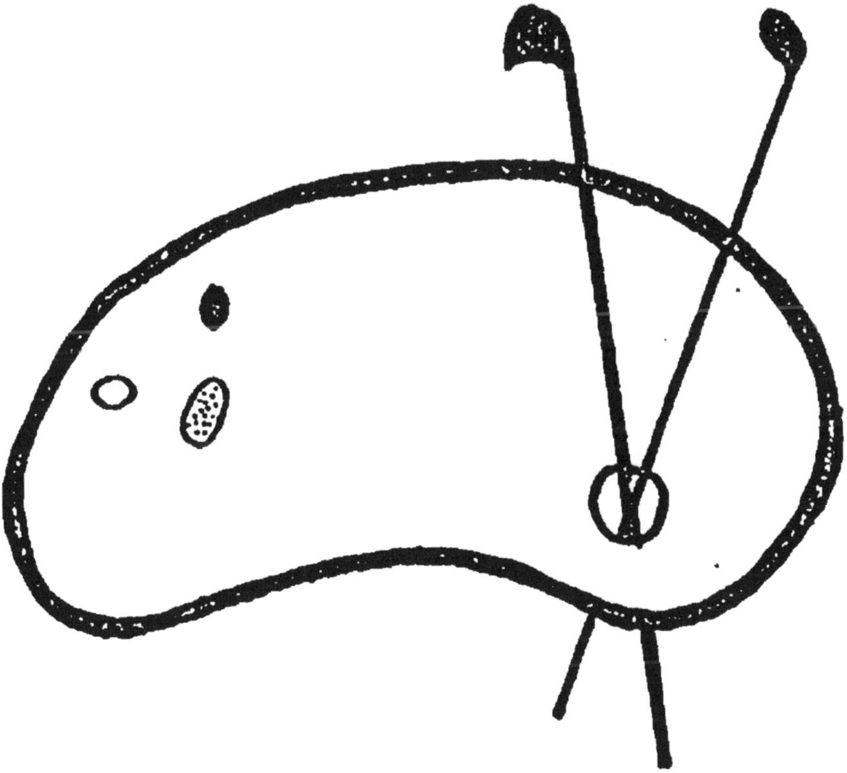

SOCIÉTÉ

DES

INGÉNIEURS CIVILS DE FRANCE

FONDÉE LE 4 MARS 1848

Reconnue d'utilité publique par décret du 22 décembre 1860

10, Cité Rougemont, 10

PARIS

COMPTE RENDU

DU

VOYAGE FAIT AUX ÉTATS-UNIS D'AMÉRIQUE

ET AU CANADA

PAR

UNE DÉLÉGATION DE LA SOCIÉTÉ DES INGÉNIEURS CIVILS DE FRANCE

EN AOUT, SEPTEMBRE, OCTOBRE 1893

PAR

M. L. REY

PRÉSIDENT DE LA DÉLÉGATION

ET PAR

M. A. de DAX

EXTRAIT DES MÉMOIRES DE LA SOCIÉTÉ DES INGÉNIEURS CIVILS DE FRANCE

(Octobre 1893)

PARIS

10, Cité Rougemont, 10

1893

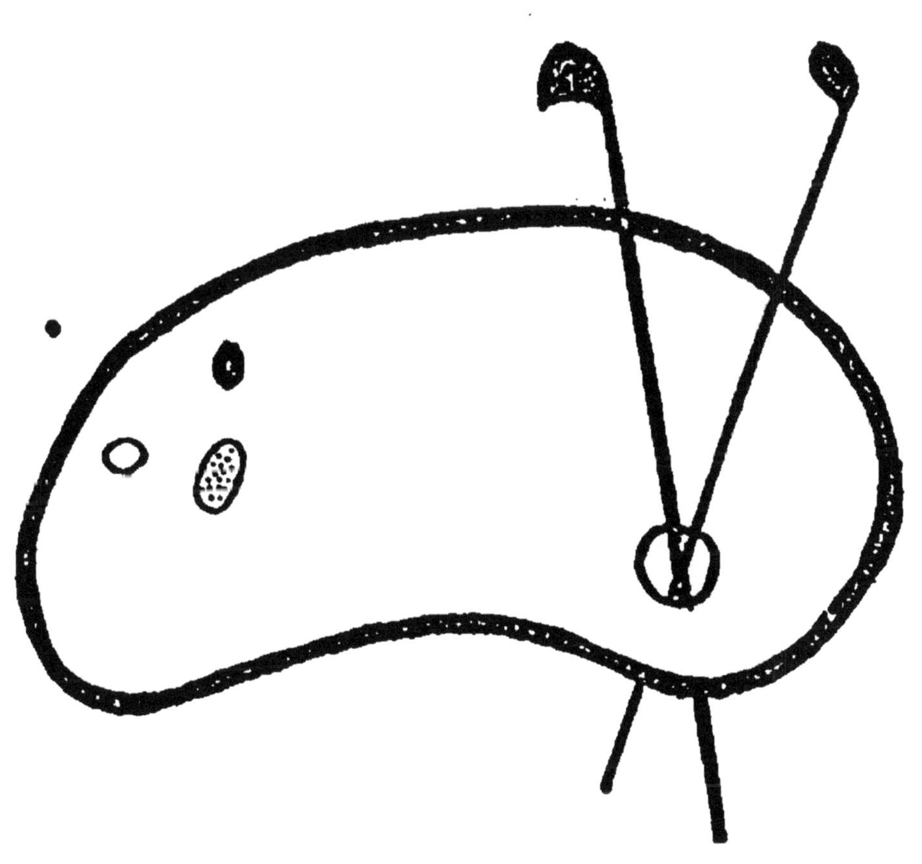

FIN D'UNE SERIE DE DOCUMENTS
EN COULEUR

SOCIÉTÉ

DES

INGÉNIEURS CIVILS DE FRANCE

FONDÉE LE 4 MARS 1848

Reconnue d'utilité publique par décret du 22 décembre 1860

10, Cité Rougemont, 10

PARIS

COMPTE RENDU

DU

VOYAGE FAIT AUX ÉTATS-UNIS D'AMÉRIQUE ET AU CANADA

PAR

UNE DÉLÉGATION DE LA SOCIÉTÉ DES INGÉNIEURS CIVILS DE FRANCE

EN AOUT, SEPTEMBRE, OCTOBRE 1893

PAR

M. L. REY

PRÉSIDENT DE LA DÉLÉGATION

ET PAR

M. A. de DAX

EXTRAIT DES MÉMOIRES DE LA SOCIÉTÉ DES INGÉNIEURS CIVILS DE FRANCE

(Octobre 1893)

PARIS

10, Cité Rougemont, 10

1893

EXTRAIT

DE LA

Séance du 20 octobre 1893.

PRÉSIDENCE DE M. P. JOUSSELIN, PRÉSIDENT.

. . . .

L'ordre du jour appelle le compte rendu du *Voyage aux États-Unis* par M. L. REY.

(Ce compte rendu sera inséré *in extenso* dans le Bulletin d'octobre.)

M. L. REY rappelle qu'un douloureux devoir de famille ayant empêché notre président, M. JOUSSELIN, de conduire, — comme il en avait l'intention, — la délégation de la Société, c'est à lui qu'est revenu l'honneur de le remplacer dans cette circonstance.

Il passe successivement en revue toutes les étapes de ce beau voyage, depuis le départ du Havre, le 26 août, à bord de *la Champagne*, jusqu'au retour dans ce port, le 8 octobre, par le paquebot *la Bourgogne*. Il rend compte de l'accueil très chaleureux que nos collègues ont rencontré partout, des honneurs somptueux qui leur ont été rendus et de toutes les attentions délicates dont ils ont été constamment l'objet. Il fait défiler devant nous, — au moyen de projections électriques, — tous les merveilleux tableaux que nos heureux collègues ont eu la bonne fortune de pouvoir contempler :

New-York et ses environs, les chutes du Niagara, Détroit, Chicago et la *World's fair*, Saint-Louis, Pittsburg et la région pétrolifère, Washington, Philadelphie et ses environs, etc., etc. Cet énorme parcours a pu être accompli presque sans fatigue, grâce à l'amabilité des Compagnies de chemins de fer, qui avaient mis à la disposition de nos collègues des trains spéciaux formés avec les magnifiques et confortables voitures de la Compagnie Wagner, pour le trajet de New-York à Chicago, et avec celles non moins luxueuses et commodes de la Compagnie Pullman pour le voyage de retour entre Chicago et New-York.

M. Rey donne des détails sur toutes les visites industrielles que nos collègues ont accomplies, ainsi que sur les diverses parties de l'Exposition de Chicago.

Dans le cours de son intéressant compte rendu, M. Rey se plait à rendre hommage aux Ingénieurs américains, à toutes les notabilités françaises et américaines, consuls de France, maires des grandes villes, etc., qui ont fait l'accueil le plus empressé à la délégation de notre Société. Il consacre une mention toute spéciale à la visite faite à M. Patenôtre, ambassadeur de France, et à l'audience accordée à nos collègues, à Washington, par M. le président Cleveland.

En terminant, M. Rey demande à la Société de vouloir bien s'associer aux sentiments de reconnaissance qu'il a exprimés, en son nom, toutes les fois qu'il en a trouvé l'occasion, et de reconnaître ainsi, dans une faible mesure, les égards dont nos collègues ont été comblés et qui s'adressaient à notre Société tout entière. *(Applaudissements.)* M. Rey a, d'ailleurs, fait ressortir cette impression dans le discours qu'il a prononcé au banquet d'adieu offert à notre délégation par les Ingénieurs de Philadelphie au Manufacturer's Club.

Il demande aussi à la Société de voter des remerciements à MM. de Chasseloup-Laubat, Pillet, Halbertsma et de Dax, qui l'ont particulièrement secondé dans sa mission. *(Applaudissements.)*

M. le Président déclare qu'il n'a rien à ajouter aux applaudissements qui viennent d'accueillir le compte rendu de M. Rey. Il dit que c'est certainement à lui qu'on doit la plus grande part du succès de cette excursion, tant au point de vue technique qu'à celui de nos relations futures avec les Ingénieurs des Etats-Unis.

M. le Président propose à la Société de voter séance tenante des remerciements à tous les Ingénieurs, Sociétés, Compagnies et Associations d'Ingénieurs d'Amérique qui ont accueilli nos collègues d'une façon si cordiale et si amicale, ainsi qu'à M. L. de Chasseloup-Laubat pour la part qu'il a prise dans l'organisation de cette excursion si bien réussie.

Ces remerciements sont votés par acclamations.

M. Rey montre encore à la Société une curieuse photographie représentant, à un intervalle de dix années, une section de l'*Elevated Railway* de New-York. En 1879, le quartier traversé était absolument désert; en 1889, une vue prise au même endroit montre la ligne se développant au milieu d'une avenue entièrement construite et habitée.

M. S. Périssé remarque que le très intéressant compte rendu de M. Rey ne mentionne pas, à propos des chemins de fer, un état de choses tout à fait spécial aux États-Unis, qui l'a beaucoup frappé quand il a visité ce grand pays au commencement de cette année.

Dans beaucoup de villes américaines, à Buffalo, par exemple, les chemins de fer suivent les rues à niveau, quelquefois les rues principales d'une grande ville, sans qu'il y ait ni barrières, ni même parfois de stations dignes de ce nom, et les voyageurs montent et descendent en certains points sans qu'il existe de quais. On comprend que le chemin de fer a été établi dans des rues tracées, mais non encore construites; c'est le chemin de fer qui a précédé la ville, tandis qu'en France et en Europe c'est le contraire. Tout cela a dû certainement attirer l'attention de nos collègues composant la délégation aux États-Unis.

M. Rey répond qu'il a vu cela plusieurs fois, en effet, notamment à Syracuse et à Homestead. Il y a des endroits où il n'existe qu'un trottoir de 1 *m* à 1,50 *m* de largeur de chaque côté de la voie longeant les maisons. Cela ne paraît pas offrir d'inconvénient; le public est là comme chez lui. A Saint-Louis, pour effectuer des manœuvres, on est obligé de faire précéder la machine de deux policemen qui font garer la foule.

La séance est levée à 11 heures.

COMPTE RENDU

DU

VOYAGE FAIT AUX ÉTATS-UNIS D'AMÉRIQUE

PAR

UNE DÉLÉGATION DE LA SOCIÉTÉ DES INGÉNIEURS CIVILS DE FRANCE

EN AOUT, SEPTEMBRE, OCTOBRE 1893

PAR

M. L. REY

PRÉSIDENT DE LA DÉLÉGATION

(Séance du 20 octobre 1893.)

MESSIEURS,

Je viens vous faire un compte rendu sommaire du voyage que quelques-uns d'entre nous ont effectué tout récemment en Amérique.

Vous vous rappelez que notre Société a reçu, dans le courant de l'année dernière, au nom des diverses Sociétés d'Ingénieurs américains, une invitation à aller visiter les États-Unis à l'occasion de l'Exposition de Chicago.

Une quarantaine de nos collègues (1) se sont fait inscrire pour répondre à l'aimable invitation de nos collègues d'outre-mer et notre Président, M. Jousselin, avait bien voulu se mettre à la tête de cette nombreuse délégation. Malheureusement, au

(1) Ce sont MM. A. Angély, Léopold Appert, E. Beaudet, P. Belim Paës Lème, J. Bidermann, L. Billaudot, H. Boulte, E. Bourgeois, A. Brancher, F. Brauer, F. Brault, S. Burgart, Alfred Cornaille, André Cornaille, A. de Dax, A. Détanger, A. Domange-Scellos, A. Dumont, L. Dufes, A. Goblet, G. Grobot, H. Halbertsma, H. Jungck, J. Keller, E. Krieg, L. Lombart, G. Lordereau, H. Marchais, Ch. Marteau, A. Ostermann, J. Pillet, Ch. Pierron, C. Pinchart-Deny, Ch. Pinel, G. Portier, Louis Rey, H. Salmon, M. Supplisson, G. Thareau, V. Toussaint, auxquels se sont joints, en cours de route, MM. L. de Chasseloup-Laubat, G. de Chasseloup-Laubat, Cosmovici, Paciuréa, de Renéville, Paul Schneider, Th. Turettini. Pendant tout notre voyage nous fûmes accompagnés par M. Wildhagen, inspecteur principal de la Compagnie des Wagons-lits d'Europe.

dernier moment, de douloureux devoirs de famille l'empêchèrent de mettre son projet à exécution, et c'est à celui qui vous parle, en ce moment, qu'échut, hiérarchiquement, le périlleux honneur de le remplacer. Cette substitution était d'autant plus regrettable, qu'à un éminent président, orateur distingué, succédait un membre de notre Société fort peu habile dans l'art de manier la parole.

Pris au dépourvu et sans avoir le temps de me préparer au rôle important que les circonstances m'imposaient, j'ai fait de mon mieux pour être à la hauteur de ma tâche, et, m'inspirant des instructions nombreuses et des notes précieuses que notre Président avait bien voulu me donner, au moment du départ, j'ai accompli mon devoir avec tout le dévouement et le zèle que ma profonde affection pour la Société a pu m'inspirer. Je serai satisfait si les collègues avec qui j'ai eu l'honneur et le plaisir de faire ce beau et instructif voyage ont trouvé que je n'ai pas été trop au-dessous de ma tâche et que j'ai tenu honorablement le drapeau de la Société des Ingénieurs civils de France au delà de l'Atlantique.

Pour faciliter la compréhension de ce compte rendu sommaire, je ferai passer sous vos yeux de nombreuses projections représentant les vues du pays, les monuments publics, les grands travaux d'art, les bateaux, etc., etc., qui nous ont le plus frappés pendant notre voyage.

Partis isolément de différents points de la France, nous nous retrouvons, au Havre, le vendredi 25 août, et nous préludons à notre voyage technique par la visite des établissements de la Société des Forges et Chantiers de la Méditerranée.

Notre collègue, M. Heilmann, avait bien voulu aviser cette Compagnie de notre arrivée, et nous sommes reçus avec la plus grande cordialité par M. le Directeur et par M. l'Ingénieur en chef qui nous montrent leurs belles installations. Nous voyons ensuite la locomotive électrique de notre collègue M. Heilmann, laquelle avait été soumise, les jours précédents, à des essais qui, nous a-t-on dit, ont donné toute satisfaction.

Le soir, notre Président nous réunit à Frascati où nous attendent nos collègues du Havre, et le lendemain matin samedi, 26 août, embarqués à bord de *la Champagne*, nous quittons le Havre avec M. Jousselin, qui avait tenu à nous accompagner le plus loin possible.

Après avoir assuré notre sortie du port et la traversée de la rade, le pilote quitte notre bâtiment en emmenant avec lui notre Président, dont nous nous séparons au milieu d'acclamations répétées.

Pendant huit jours nous naviguons sur l'un de ces magnifiques paquebots de la Compagnie transatlantique dont les luxueux aménagements et l'affabilité de son commandant nous rendent le voyage aussi agréable que possible. Le temps nous favorise et après une belle traversée nous arrivons devant New-York, dans la soirée du samedi 3 octobre, peu de temps après le coucher du soleil, ce qui nous empêche de débarquer le jour même, la douane américaine ne fonctionnant pas la nuit.

Nous couchons donc à bord encore une fois, mais ce léger incident est largement compensé par le merveilleux spectacle qu'il nous permet d'admirer le lendemain matin en faisant notre entrée de jour dans la rade et dans le port de New-York.

La statue de la Liberté de notre illustre compatriote Bartholdi; le gigantesque pont suspendu de Brooklyn, le nombre considérable de navires amarrés aux quais, ou en mouvement, dans cette immense baie formée par la réunion de l'Hudson et de l'East-River, tout cela encadré par un paysage merveilleux fait de l'entrée à New-York un spectacle unique au monde et d'une grandeur dont aucune description ne peut donner une idée exacte.

En passant devant la statue de la « Liberté éclairant le monde », nous félicitons l'auteur de ce beau travail qui se trouve en même temps que nous à bord de *la Champagne* et à qui nous avons fait la veille une ovation à laquelle il a répondu dans les termes les plus flatteurs pour notre Société.

Aussitôt arrivés au quai de la Compagnie générale transatlantique, une délégation des ingénieurs américains monte à bord et nous souhaite la bienvenue en termes très affectueux que M. Fteley prononce en français.

Après les remerciements que je lui adresse, au nom de la Société des Ingénieurs civils de France, nous débarquons, et nos confrères nous conduisent à l'hôtel où nous devons passer les quelques jours consacrés à la visite de New-York et de ses environs. M. de Chasseloup-Laubat, l'organisateur si dévoué de notre excursion, se joint à nous et ne nous quittera plus.

Le jour de notre arrivée étant un dimanche et le lendemain se trouvant être un jour de fête, le *Labor Day*, nous voyons la ville dans ses deux états extrêmes, de repos dominical et d'animation extraordinaire qui nous donnent immédiatement une idée de la vie dans les grandes cités américaines si différentes des nôtres sous tant de rapports.

Le lundi, 4 septembre, nous commençons nos excursions par la visite de l'arrivée d'eau qui sert de tête de ligne pour la distribution des eaux potables dans la ville de New-York. M. Fteley, l'Ingénieur en chef de l'adduction des eaux, nous fait une conférence très intéressante sur les travaux en cours ou terminés de cette gigantesque entreprise qui comporte un tunnel de 21,88 milles (35,2 *km*), un siphon percé dans le roc et revêtu de maçonnerie de briques tellement soignée que sous la pression normale de 100 pieds (30,5 *m*) la perte d'eau est insignifiante.

Les eaux proviennent de l'aménagement des lacs et rivières d'une région de 700 km^2, située au nord de New-York.

Plusieurs barrages ont été construits, dont un, d'une grande longueur, a des hauteurs atteignant 65,100 et même en certains endroits 160 pieds (près de 50 *m*).

Ces travaux importants permettent d'emmagasiner 70 milliards de gallons (318 000 000 m^3), pour assurer une consommation journalière de 165 millions de gallons (750 000 m^3).

La distribution se fait, en ville, au moyen de huit conduites de 1,40 *m* de diamètre, en acier.

Dans la même région nous visitons le grand pont Washington qui a près de 800 *m* de longueur totale et qui comprend deux magnifiques arches de 510 pieds (157,60 *m*) d'ouverture, la hauteur de la clef au-dessus de l'eau étant de 50 *m* environ et la largeur de la cheminée de 25 *m*.

Rentrés en ville en passant par le magnifique parc de Riverside sur le bord de l'Hudson, nous allons visiter l'usine de production d'électricité de la Compagnie Édison, qui est l'une des plus importantes en son genre. Une force de 3 000 à 4 000 *chx* peut être développée avec cette particularité que l'installation faite dans une maison ordinaire entourée d'autres immeubles habités bourgeoisement, le charbon est emmagasiné au troisième étage, les chaudières au deuxième étage et les machines au premier.

Cette disposition permet une exploitation relativement facile dans un espace très restreint.

Le mardi 5 septembre, nous visitons l'usine fournissant la force motrice et donnant le mouvement au câble d'une ligne importante de tramway funiculaire, puis nous prenons un train spécial qui nous fait parcourir les lignes principales du réseau de l'« Elevated railway ». Nous circulons la plupart du temps sur une troisième voie destinée aux trains express et située entre les deux voies destinées au service des trains ordinaires. La vitesse est presque constamment de 35 milles à l'heure *(56 km)*. Nous visitons les points principaux de ce magnifique réseau urbain qui résout admirablement le problème qu'on s'est posé de faciliter le transport des personnes, mais malheureusement au prix de graves inconvénients pour les propriétaires et les locataires des immeubles voisins. On nous montre spécialement un endroit où passent 1 400 trains par jour.

Nous arrivons à l'« Equitable Building », l'une des plus récentes et des plus intéressantes de ces immenses constructions à un nombre d'étages fantastique, grandes ruches dont chacune des alvéoles est occupée par des bureaux. Tous les étages sont desservis par plusieurs ascenseurs dont la marche rapide assure des communications commodes entre toutes les parties de l'établissement.

Le directeur de la Compagnie d'assurances l' « Equitable », qui est propriétaire de l'immeuble, nous souhaite la bienvenue dans la grande salle de réunion, puis après la visite en détail de l'édifice du sommet duquel on a une magnifique vue sur New-York et ses environs, nous trouvons servi un superbe déjeuner, à la suite duquel M. Clarcke, président du Comité de réception de New-York, prononce un discours très applaudi, moitié en anglais, moitié en français, et auquel je réponds.

Nous nous dirigeons ensuite du côté de l'East-River sous la conduite de M. Martin, Ingénieur en chef du pont de Brooklyn, pour visiter ce travail gigantesque qui est resté le type le plus hardi dans ce genre de construction. Par une attention délicate dont nous devons être reconnaissants à M. Martin qui nous dit, en anglais, qu'il n'avait jamais tant regretté que ce jour-là de ne pas parler notre langue, le drapeau français flotte au sommet de l'une des piles, tandis que les couleurs américaines lui font pendant sur l'autre pile.

Après avoir visité les machines qui donnent le mouvement aux câble des deux voies du chemin de fer funiculaire fonctionnant sur le pont, nous allons à la gare terminus du N.-Y. C. R. R qui est la seule amenant les voyageurs au centre de la presqu'île de Manhattan sur laquelle se trouve bâtie la véritable ville de New-York. Toutes les autres gares sont situées sur les rives opposées de l'Hudson et de l'East-River et ne communiquent avec la ville que par le moyen de ferry-boats.

Cette situation privilégiée a donné une grande importance à la ligne de chemin de fer qui y aboutit et a nécessité des installations grandioses dont nous admirons le bel agencement qui permet d'assurer un mouvement de 460 trains par jour dans un espace très restreint.

Le lendemain 6 septembre, nous nous embarquons sur un bateau qui nous fait remonter l'East-River sur une assez grande longueur et nous amène à l'usine de M. Lavergne dans laquelle sont construites de belles machines à faire la glace qui s'expédient dans tous les États de l'Union, à l'Étranger et en France même.

Nous descendons l'East-River jusque dans la baie de New-York en passant sous le pont de Brooklyn ; nous faisons le tour de l'île de Bedloë sur laquelle se trouve érigée la statue colossale de la « Liberté éclairant le monde » et nous remontons le cours de l'Hudson.

Nous nous arrêtons pour visiter le *Puritan*, le plus beau de ces grands bateaux de rivière qui ne se trouvent qu'aux États-Unis. Ayant les dimensions des grands transatlantiques, ces bateaux se font remarquer par le luxe inouï de leurs aménagements de jour et de nuit.

Le *Puritan*, qui peut contenir 2 000 passagers, est actionné par une machine de 7 500 *chx* dont le balancier, pesant plus de 50 *t*, est visible au-dessus de toute la construction et donne un aspect étrange à ce genre de bateau.

Un lunch magnifique nous est servi à bord pour terminer notre visite; puis, traversant l'Hudson, nous allons voir, sur la rive de Jersey-City, la grande gare de Pensylvanie R. R., où nous étudions avec intérêt une belle installation de manœuvre à distance des aiguilles et des signaux par l'air comprimé.

Nous étant de nouveau embarqués, nous remontons l'Hudson jusqu'aux Palissades, en admirant la succession des merveilleux points de vue qui se déroulent devant nous. C'est l'une des plus ravissantes excursions que l'on puisse faire; elle jouit, du reste, d'une réputation universelle qui est parfaitement justifiée.

Rentrés à New-York, nous allons, dans la soirée, assister à la séance de rentrée de la Société des « Civil Engineers ».

Le Président, après quelques paroles de bienvenue, fait asseoir à côté de lui le Président de votre délégation ; et peu de temps après, il lève la séance officielle, qui se transforme en une causerie familière suivie d'un souper.

Le jeudi 7 septembre est un jour de repos officiel, pendant

lequel aucune excursion générale n'est faite. Mais nos collègues américains s'étant gracieusement mis à notre disposition, plusieurs d'entre nous font des visites d'établissements qui les intéressent plus spécialement.

Les grands journaux de la ville, le *New-York Herald* et le *World*, nous ayant invités à visiter leurs installations, nous nous rendons dans leurs immenses établissements où nous assistons aux différentes opérations, depuis la composition jusqu'au pliage des journaux.

Une machine a attiré spécialement notre attention : c'est celle au moyen de laquelle on fait la composition non pas en utilisant des caractères préparés d'avance, mais en fondant une ligne entière. La personne qui se sert de la machine n'a qu'à appuyer sur des touches, et la ligne composée sort immédiatement prête à être mise en pages. J'ai rapporté quelques spécimens de cette composition, excessivement rapide et toujours en caractères neufs.

Le bâtiment qui contient tous les services de l'administration du *World* est le plus élevé de New-York (375,5 pieds, 114 *m*); on monte dans la coupole qui surmonte le 26e étage au moyen d'un ascenseur, et on a de cet observatoire une vue superbe sur la ville et ses environs. Le pont de Brooklyn, notamment, fait un très bel effet, vu de ce point élevé.

Le vendredi 8 septembre, nous nous séparons de nos aimables collègues de New-York et nous partons de la gare du New-York Central Railroad par un train spécial composé de luxueux Wagner Palace-cars, mis gracieusement à notre disposition par la Compagnie Wagner, et accompagnés par des Ingénieurs de la ligne qui se relaieront à la fin de leurs divisions respectives.

Plusieurs délégués du Comité de réception de New-York montent avec nous dans le train et nous accompagneront jusqu'à Chicago.

La ligne suit la rive gauche de l'Hudson jusqu'à Albany, et nous revoyons le magnifique spectacle que nous avons admiré en bateau quelques jours auparavant.

A mi-chemin d'Albany, nous voyons le grand pont de Poughkeepsie, sur l'Hudson.

Pendant le trajet, nous nous rendons compte de l'état de la voie, qui est admirablement entretenue, et du fonctionnement du bloc-système automatique, qui donne toute satisfaction sur ce réseau excessivement chargé.

Plusieurs d'entre nous montent sur la locomotive pendant le trajet, et nous pouvons constater combien ces machines, si légères en apparence, à cause de la grande hauteur au-dessus du sol de l'axe de leur chaudière, du faible diamètre de celle-ci et des roues motrices, sont d'allure douce aux plus grandes vitesses, même dans les courbes, et quels sont les efforts considérables et prolongés qu'on peut leur demander à certains moments.

Elles doivent ces qualités à la présence d'un bogie à l'avant et à une grande capacité de production de vapeur obtenue en donnant de grandes dimensions à la grille et à la chambre de combustion, et en employant un tirage très énergique.

Nous voyons fonctionner l'alimentation du tender pendant la marche, au moyen d'un réservoir de 1 000 pieds de longueur (305 *m*) placé entre les rails de la voie et permettant d'aspirer 3 000 gallons d'eau (13,63 m^3) en marchant à une vitesse de 50 *km* à l'heure.

Nous remarquons aussi ce singulier système d'avertissement qui se compose de cordes verticales placées en travers de la voie à l'approche des travaux d'art et à une hauteur telle qu'un homme, circulant debout sur un wagon couvert pendant la marche des trains, soit touché par l'extrémité de ces cordes qui règnent sur une largeur à peu près égale à celle des wagons.

Le garde-frein ainsi touché est avisé de l'approche d'un danger et il a le temps de se garer pour ne pas être atteint.

Nous avons retrouvé ces cordes verticales sur plusieurs autres lignes.

Le soir, nous arrivons à Niagara Falls et nous faisons immédiatement une visite aux rapides d'amont et à la chute américaine.

Le lendemain, samedi 9 septembre, nous recommençons la visite méthodique des rapides d'amont, des chutes américaine et canadienne, des rapides d'aval, du Whirlpool, des ponts suspendus et en cantilever, des parcs réservés sur les deux rives américaine et canadienne.

Nous faisons la promenade classique à bord d'un petit vapeur qui nous mène au pied de ces immenses nappes d'eau qui se déroulent avec un bruit assourdissant au milieu de ces brouillards d'eau pulvérisée, produits par la chute effroyable de millions de mètres cubes d'eau tombant de 50 *m* de hauteur environ (161 pieds).

Je ne vous ferai pas la description de ce magnifique spectacle, qui a tenté des plumes plus autorisées que la mienne.

Je me contenterai de répéter la conclusion à laquelle arrivent tous ceux qui ont vu cette merveille de la nature : c'est qu'aucune description n'en est possible ; il faut la voir pour s'en faire une idée exacte.

Après avoir admiré les chutes, nous allons visiter, sous la conduite de notre collègue, M. Turettini, Ingénieur conseil de la « Cataract Construction C° », que nous avons eu la bonne fortune de rencontrer à bord de *la Champagne* et qui a bien voulu se joindre à nous dans la plupart de nos excursions, les gigantesques travaux destinés à recevoir les turbines et les dynamos qui doivent transformer en travail industriel une partie de la puissance actuellement perdue des chutes du Niagara.

Après une très intéressante conférence faite par notre collègue, nous allons visiter le puits des turbines et le grand tunnel de dégagement des eaux.

Ce sont des travaux cyclopéens qui font le plus grand honneur aux Ingénieurs qui les ont conçus et exécutés.

Le puits des turbines est creusé dans le rocher à 55 *m* de profondeur ; il est suffisant pour permettre l'installation de dix turbines de 5 000 *chx* chacune.

Le tunnel, qui a 8 000 pieds de longueur (2 438 *m*) et une pente de 7 *mm* par mètre, a une section suffisante pour assurer l'écoulement de l'eau nécessaire à la production de 100 000 chevaux-vapeur.

Les turbines sont en construction à Philadelphie ; l'une d'elles est terminée, et on va en commencer prochainement le montage.

Les dynamos ne sont pas encore en construction, mais on va les commencer incessamment, et on espère pouvoir, avant une année, inaugurer cette usine unique au monde.

A côté, nous visitons une fabrique de papier qui a passé avec la « Cataract C° » un traité pour l'évacuation, par le tunnel, des eaux à provenir d'une turbine de 6 000 *chx* qui est en montage en ce moment.

Cette fabrique possède, dès aujourd'hui, une force motrice à vapeur assez considérable et une belle machine produisant 28 000 *kg* de papier par jour.

Nous partons le soir, et après une nuit passée dans les wagons-dortoirs de notre train, nous arrivons à Détroit où une cordiale réception nous est faite par les Ingénieurs de la région et, en particulier, par M. Smith qui, ayant fait ses études en France, en a conservé le meilleur souvenir. Après un petit déjeuner servi dans la gare et offert par la Compagnie du chemin du fer, une promenade dans les voitures ouvertes d'un tramway électrique nous permet de voir les principaux quartiers de cette belle ville, et une excursion en bateau à vapeur dans la direction du lac Saint-Clair fait dérouler, devant nous, le port, les établissements industriels qui sont établis sur les quais, ainsi que les environs de la ville, qui sont très pittoresques.

Au retour, un magnifique déjeuner nous est offert par le Comité des Ingénieurs de Détroit ; en réponse aux remerciements que j'adresse au nom de notre Société, M. Smith prononce quelques paroles très chaleureuses et très flatteuses pour la France et pour ses Ingénieurs. M. Bélanger, agent consulaire de France, et quelques résidents français viennent nous souhaiter bon voyage et nous accompagnent à la gare où nous reprenons notre train spécial qui nous mène à Chicago à 9 heures du soir. A Niles, dernier arrêt avant d'arriver à Chicago, chacun de nous reçoit des mains d'une jeune personne indigène un charmant petit bouquet avec la carte de l'Ingénieur en chef du matériel et de la traction de la Compagnie du chemin de fer.

Le train qui nous transportait a dû traverser à Détroit le cours d'eau large et profond qui sépare le Canada des Etats-Unis et qui met en communication le lac Érié et le lac Saint-Clair.

Cette traversée a été effectuée sur un *ferry-boat* de grandes dimensions qui a transporté notre train entier préalablement coupé en trois tronçons.

Ces bateaux spéciaux, dont l'usage est très répandu aux États-Unis, rendent d'inappréciables services en permettant de ne pas rompre charge et en suppléant au manque de ponts qui, dans beaucoup de cas, seraient impossibles à construire ou nécessiteraient des dépenses énormes.

A notre arrivée à Chicago, nous trouvons M. Chanute et plusieurs autres de nos collègues américains qui nous souhaitent la bienvenue et qui nous conduisent jusqu'à l'hôtel où nous devons demeurer pendant notre séjour.

Cet hôtel est « l'Auditorium », l'une des plus vastes constructions des États-Unis, où l'un de nous a un numéro de chambre fantastique supérieur à 1 900, si mes souvenirs sont exacts.

La salle à manger est située au neuvième étage ; elle a une vue superbe sur le lac Michigan et la partie la plus élevée de la construction contient 19 étages.

Un service d'ascenseurs très intelligemment organisé réunit les différentes parties de l'édifice et rend les communications entre elles très faciles. Un ascenseur express réunit le rez-de-chaussée à la salle à manger qui, nous l'avons déjà dit, se trouve au neuvième étage.

Le lundi 11 septembre, au matin, nous nous rendons au lieu de réunion des Ingénieurs de Chicago, où M. le Maire de la Ville nous fait un discours très original qu'il termine par des paroles de bienvenue auxquelles je réponds; puis, emmenés par nos Collègues américains, nous allons par les plus belles voies publiques, bordées de superbes habitations, jusqu'à Washington-Park où un déjeuner nous est offert.

Nous entrons ensuite dans l'Exposition par l'extrémité de Midway-Plaisance et nous rencontrons immédiatement la grande roue dont M. Ferris s'empresse de nous faire les honneurs.

Nous montons dans les cabines et, en deux tours successifs, nous jouissons de la vue d'ensemble de l'Exposition à des hauteurs variables allant jusqu'à près de 80 *m*.

Puis nous visitons la machinerie qui donne le mouvement à cette immense roue et nous sommes unanimes pour féliciter M. Ferris aussi bien sur la conception de l'idée que sur la manière tout à fait remarquable dont sa roue a été exécutée.

C'est certainement un des plus beaux travaux métalliques de l'Exposition.

En quittant la roue Ferris, nous parcourons tout Midway-Plaisance et, traversant le bâtiment des travaux de la femme, nous arrivons sur les bords de la lagune intérieure où la flottille électrique nous embarque et nous fait faire le tour des nombreux bassins pour nous débarquer devant le bâtiment de l'Administration où nous nous rendons.

M. le général Davis, Directeur général de l'Exposition, entouré de son haut personnel, nous reçoit de la façon la plus cordiale.

Après l'avoir remercié, je lui présente chacun de nos membres, puis M. Davis nous présente à son tour ses chefs de service en nous répétant qu'ils seront heureux de se mettre à notre disposition toutes les fois que nous en aurons besoin.

Plusieurs d'entre nous et moi-même, dans plusieurs circonstances, avons eu recours à l'obligeance de ces messieurs, et je me fais un devoir de les remercier de l'empressement et de la bonne grâce avec lesquels nos demandes ont toujours été accueillies et satisfaites.

Le mardi 12 septembre, nos collègues nous conduisent à l'Exposition par le lac Michigan; la traversée est faite sur un grand bateau à dos de baleine, dont quelques specimens seulement existent et ont, paraît-il, fait avec succès la traversée de l'Atlantique.

L'entrée de l'Exposition par le lac Michigan est majestueuse.

Aussitôt débarqués, nous visitons les trottoirs roulants qui sont installés sur une assez grande échelle pour que l'on puisse bien se rendre compte de leur fonctionnement et de leur utilité.

Le premier trottoir fait 3 milles (4,8 *km*) à l'heure et le second 6 milles (9,7 *km*).

Avec un peu d'habitude on passe en quelques enjambées de la vitesse 0 à la vitesse de 6 milles et inversement. Sur le trottoir à marche lente se trouvent placées de distance en distance des colonnettes qui servent à se cramponner quand l'équilibre du voyageur laisse à désirer et sur le trottoir à marche rapide il y a des bancs pour s'asseoir.

Nous montons ensuite dans un train du chemin de fer électrique qui dessert les différents points de la périphérie de l'Exposition. Cette ligne, qui a 6,25 milles (10 *km*) de longueur et sur laquelle se trouvent des courbes de 100 pieds (30,5 *m*) de rayon, comprend trois rails dont un, extérieur à la voie, sert de conducteur au courant électrique. Douze trains, composés chacun de quatre voitures à quatre-vingt-dix-huit places sont constamment en route et nécessitent l'emploi d'une force de 1 000 *chx*. Ce train nous mène au Pavillon français où nous sommes reçus admirablement par M. Bruwært, consul général de France à Chicago qui, dès notre arrivée, nous avait envoyé gracieusement une invitation à déjeuner.

Après les présentations, M. le Consul général nous fait les honneurs du Pavillon français, dont l'aménagement d'un goût exquis est composé des produits les plus remarquables de nos manufactures nationales ; puis il nous conduit, en traversant quelques bâtiments de l'Exposition, au restaurant suédois, où le déjeuner est servi.

La réunion est des plus animées, et le déjeuner se termine par une brillante allocution de M. le Consul général à laquelle je réponds par des remerciements chaleureux appuyés par les applaudissements de toute l'assemblée.

La journée du mercredi 13 septembre est employée en partie à la visite de la nouvelle gare en construction de l'Illinois Central Railroad et à celle de l'immense établissement Armour et C°, où se font sur une grande échelle l'abatage des animaux de boucherie et la préparation des viandes ainsi que celle des sous-produits.

La description de cet établissement a été faite plusieurs fois ;

aussi ne la recommencerai-je pas. Je me bornerai à dire que c'est horrible à voir, mais intéressant et curieux à étudier.

Le soir a lieu une réunion en notre honneur au club des Fifty; j'ai le regret de ne pouvoir y assister et je dois me faire excuser.

Cette réunion extrêmement brillante donne lieu à plusieurs discours très sympathiques auxquels plusieurs Membres de notre Société répondent.

Pour le jeudi 14 septembre, le programme comporte une visite des travaux très importants qui sont exécutés, en ce moment, pour déverser les eaux-vannes de la ville de Chicago dans un des affluents du Mississipi au lieu de les écouler dans le lac Michigan; mais, par suite d'une erreur inexplicable, les lettres d'invitation ne sont pas parvenues en temps utile et l'excursion n'est suivie que par un nombre insignifiant de nos Collègues qui nous ont fait une description très intéressante des travaux grandioses qu'ils avaient vus et des moyens ingénieux employés pour atteindre le but cherché.

J'ai présenté toutes nos excuses et exprimé tous nos regrets aux organisateurs de cette excursion qui avaient tout fait pour la rendre instructive et agréable et qui en ont été si mal récompensés.

Vendredi 15 septembre, réception par les Ingénieurs américains, suivie d'un souper, et à laquelle est invité M. le Consul général de France.

Très agréable soirée passée avec nos collègues, les principaux chefs de service de l'Exposition et quelques notabilités de la ville, américaines et françaises.

Le samedi 16 septembre, ont lieu, à l'Exposition, des essais de traction avec une locomotive à vapeur et une locomotive électrique; puis, on fait quelques petits voyages avec un train dit « train John Bull » composé de la plus ancienne locomotive d'Amérique qui a été mise en service en 1831 et de deux anciennes voitures à bogies construites en 1836.

M. le Directeur du département des Transports à l'Exposition m'ayant fait l'honneur de m'adresser une invitation pour un de ces voyages, je m'y rends et je puis examiner à loisir ces vénérables ancêtres des magnifiques véhicules dans lesquels nous avons fait quelques jours auparavant, et sans aucune fatigue, un trajet de 1 000 milles (1 600 *km* environ).

Pendant toute la journée des fêtes diverses ont lieu à l'Exposition. M. le Directeur général avait envoyé gracieusement une in-

••

vitation personnelle au Président de votre délégation et une autre collective pour tous nos collègues.

Le dimanche 17 septembre, les jardins de l'Exposition sont ouverts, mais l'entrée des bâtiments est interdite au public; il y a donc beaucoup moins de monde que les autres jours.

Nous en profitons pour visiter les parcs de la ville qui sont très vastes et assez bien tenus.

Je vais faire une visite à M. Corthell, président du Comité de réception, qu'une indisposition assez sérieuse avait empêché, à son grand regret, de remplir ses fonctions, et à M. Chanute, qui l'a remplacé, en y mettant autant de bonne grâce que d'empressement.

Le lundi 18 septembre, étant la veille de notre départ, chacun s'occupe des préparatifs du voyage.

Nos confrères de Chicago nous ayant invités à un dîner d'adieu, nous nous trouvons réunis une nouvelle fois autour d'une table magnifiquement servie, ornée de fleurs, et nous dînons aux sons harmonieux d'une musique jouant des airs français. M. le Consul général de France avait bien voulu accepter l'invitation qui lui avait été adressée et il assiste au dîner à côté du Président de votre délégation.

Au dessert, j'exprime les sentiments de reconnaissance que nous éprouvons pour l'accueil si sympathique que nous avons reçu à Chicago, et M. Hunt, Président du banquet, répond par un discours très applaudi.

M. le Consul général prend alors la parole et en termes très aimables nous souhaite un bon voyage en Amérique et un heureux retour en France. Ses vœux se sont heureusement accomplis, et je saisis l'occasion qui m'est offerte pour le remercier très vivement du si bon et si cordial accueil que nous avons trouvé auprès de lui. Comme Français et comme Ingénieurs; nous devons lui en être doublement reconnaissants.

Je ne vous ai rien dit de ce que nous avons vu dans nos visites à l'Exposition, parce que cela aurait passé les limites d'un simple compte rendu de voyage fait un peu à la hâte; le temps m'ayant manqué, entre notre retour en France et la séance de ce jour, pour faire un travail plus complet et aussi parce que les études que nous avons faites feront l'objet de rapports spéciaux qui vous seront présentés aussitôt que les membres de notre délégation, qui ont bien voulu s'en charger, auront mis leurs notes au net.

Je veux cependant vous donner une idée de l'impression générale que nous avons rapportée.

Le plan général de l'Exposition a été conçu avec une ampleur qui peut paraître exagérée quand on n'a sous les yeux que des chiffres et des plans ; mais quand on a parcouru ces immenses espaces on est obligé de convenir qu'on a su les utiliser d'une manière très intelligente.

L'ensemble des grands bâtiments groupés autour du bassin est vraiment grandiose et de plusieurs points on a des vues admirables, tant de jour que le soir, lorsque les innombrables lampes électriques projettent leur lumière sur les bâtiments et sur les eaux du bassin.

La façade sur le lac Michigan est aussi très belle et produit un grand effet quand on arrive à l'Exposition par les bateaux.

Plusieurs des grands bâtiments sont d'un bel aspect architectural et notre collègue M. Pillet vous dira ce qu'il pense des progrès que les Américains ont faits dans cette branche des Beaux-Arts qui s'appelle l'Architecture.

La charpente du bâtiment des mines, en forme de cantilever, choque au premier abord par l'absence de clef à la voûte que semble former la travée centrale. On revient de cette impression en étudiant le groupe des trois travées ; mais il est peu probable que ce genre de charpente soit adopté, au moins avec la disposition qu'on lui a donnée à l'Exposition de Chicago.

La grande halle du bâtiment des manufactures et des arts libéraux, un peu plus large que la halle des machines du Champ-de-Mars et sensiblement plus haute, nous paraît au contraire très réussie, et fait le plus grand honneur aux Ingénieurs et aux constructeurs américains. Malheureusement, on a laissé mettre dans l'intérieur un tel amoncellement de constructions et de motifs de décoration mal combinés, qu'il est impossible d'avoir une vue d'ensemble du vaisseau.

Quand on entre dans ce bâtiment, on n'éprouve aucun saisissement comparable à celui que produisait la halle des machines au Champ-de-Mars.

Il faut faire de grands efforts d'imagination et étudier cette belle construction de vingt endroits différents pour se convaincre qu'on est en face d'une œuvre grandiose.

Il est bien fâcheux qu'on ait détruit, comme à plaisir, par un aménagement intérieur aussi défectueux, l'effet que devrait produire un pareil travail.

En résumé, l'ensemble de l'Exposition de Chicago est bien américain par la manière grandiose dont les choses ont été faites; il est très réussi, et le succès qui a couronné cette somme considérable d'efforts est parfaitement justifié quoiqu'on ait dit quelquefois le contraire.

Le site est admirable et on a su en tirer un merveilleux parti.

Le mardi 19 septembre nous quittons Chicago, au matin, par un train spécial composé de « Pullman Palace cars » mis à la disposition de la Délégation par la Compagnie Pullman et par la Compagnie du chemin de fer de Chicago-Alton-Saint-Louis. Ce train est accompagné par les Ingénieurs divisionnaires de la ligne, qui nous donnent toutes les explications dont nous avons besoin.

Un peu avant l'arrivée à Saint-Louis, les délégués du Comité de réception des Ingénieurs de l'Ouest, ayant à leur tête M. Moore leur président et M. Séguenot, agent consulaire de France, montent dans le train. Des paroles aimables et des poignées de main sont échangées, puis le train se remet en route, passe sur l'un des grands ponts qui franchissent le Mississipi, et enfin on arrive à Saint-Louis.

Dans la soirée nous allons visiter, sous la conduite de nos collègues et de M. le Consul, l'Exposition qui se tient tous les ans à cette époque dans un immense bâtiment construit à cet effet.

Lorsque nous arrivons dans la salle de théâtre, où se donne un concert, nous sommes reçus aux accents de la Marseillaise que l'orchestre joue en notre honneur et que le salle entière applaudit vivement.

Le lendemain mercredi, 20 septembre, nos collègues nous font visiter la grande gare centrale, en construction, dont la halle, de proportions grandioses, 180 *m* de largeur sur 220 *m* de longueur, recouvre 32 voies, puis les grandes avenues, les parcs et les usines produisant l'électricité pour l'éclairage et pour la traction des tramways.

Nous nous embarquons ensuite sur le bateau d'inspection des travaux du Mississipi et nous allons visiter, en amont de la ville, et presque au confluent du Missouri, la nouvelle prise d'eau qui doit fournir en quantité suffisante et d'une qualité acceptable l'eau potable nécessaire à une aussi grande cité.

Les travaux, en pleine exécution, sont très considérables; la prise est au milieu du fleuve et un tunnel dans le rocher la met en communication avec le bâtiment des pompes qui élèveront l'eau dans de vastes réservoirs de décantation. Une galerie de grandes dimensions amènera les eaux purifiées aux portes de la ville où des machines de relais les élèveront à la hauteur voulue pour permettre la distribution dans les maisons.

Pendant le trajet, M. Ockerson, l'Ingénieur chargé des travaux de rectification du Mississipi qui doivent améliorer considérablement les conditions de la navigation entre Saint-Louis et la Nouvelle-Orléans, nous expose, avec plans à l'appui, les méthodes suivies et nous fait connaître les résultats favorables obtenus.

Il me remet, pour les archives de notre Société, un album contenant l'indication de tous les ouvrages dont il vient de nous entretenir.

En débarquant, nous trouvons un train spécial qui nous fait parcourir l'elevated R.R. qui longe les quais, passe sur l'un des grands ponts du Mississipi et nous ramène en ville par l'autre pont.

Nous prenons congé de nos aimables collègues, et le lendemain jeudi, 21 septembre, nous partons dans notre train pour Pittsburg où nous arrivons dans la soirée et où nous sommes reçus par le Président du Comité, M. Davison.

Après le dîner, réception officielle ; discours de bienvenue en français prononcé par M. Scaife, qui a suivi les cours de l'École des Mines, à Paris; puis, sous sa direction, ascension sur une colline de l'autre côté du Monongahela-River, d'où l'on découvre toute la ville de Pittsburg.

Le plan incliné qui nous conduit au sommet de la colline a une pente de plus de 0,50 *m* par mètre ; un assez grand nombre d'autres appareils du même genre mettent en communication les différentes parties de la ville.

Le vendredi 22 septembre, nous allons, en train spécial, visiter une mine de houille qui se trouve dans la région pétrolifère, assez loin de Pittsburg.

Cette mine est dans des conditions d'exploitation tout à fait favorables.

L'entrée des galeries est à flanc de coteau, à un niveau tel que les berlines débouchant de la mine se déversent directement dans les wagons de la ligne de chemin de fer qui passe au fond de la vallée.

Il n'y a pas d'eau à épuiser, les boisages sont inutiles, la couche est puissante et presque horizontale puisque sur 2,5 *km* elle plonge de 10 *m* seulement.

Elle donne du charbon de bonne qualité, qui revient à 75 cents la tonne (3,90 *f*).

En sortant de la mine de Jumbo, nous allons sur l'autre versant de la vallée visiter les puits à pétrole et à gaz naturel qui se comptent par centaines, bien que cette région pétrolifère n'ait été découverte qu'il y a trois ans.

La couche imprégnée de pétrole se trouve à une profondeur de 2 300 pieds (700 *m*) environ, et les dépenses d'un puits se montent de 5 000 à 6 000 dollars (26 000 à 31 000 *f*).

Il arrive souvent que le forage ne donne aucun résultat, c'est-à-dire qu'il ne rencontre aucune couche pétrolifère, c'est ce qui explique le nombre considérable de puits et leur proximité les uns des autres.

Quand un forage donne du pétrole, mais en quantité insuffisante, cela peut tenir à ce que la roche imprégnée est trop compacte et ne présente pas assez de fissures pour un écoulement abondant du pétrole liquide ou du gaz.

On procède alors au torpillage du puits. Cette opération, qui a pour but de disloquer les roches et d'en augmenter les fissures, ne réussit pas toujours, mais on la tente quelquefois.

Le puits Édouard-Macdonald, nº 12, de 2 300 pieds de profondeur s'étant trouvé dans les conditions ci-dessus, son propriétaire décida de le torpiller, et sur la demande de nos collègues américains, il consentit à retarder l'opération jusqu'au jour de notre visite. Nous avons donc assisté à ce spectacle vraiment original et intéressant, que je vais vous décrire en quelques mots.

On verse dans une cartouche en fer-blanc d'un diamètre un peu inférieur à celui du puits, une quarantaine de litres de nitroglycérine, puis on descend, avec précaution, cette cartouche au fond du puits.

On lâche ensuite un cylindre creux en fonte, lesté à la partie inférieure par un bourrelet, et qu'on appelle « diable »; à son arrivée sur la nitroglycérine le choc produit enflamme cette dernière et la détonation a lieu.

Le propriétaire du puits demanda au Président de votre délégation de lâcher le « diable », ce que je fis en formant le vœu que le résultat soit favorable.

Après nous être éloignés du puits et nous être mis à l'abri des projections liquides et solides qui pouvaient en sortir d'un instant à l'autre, nous avons la satisfaction de voir jaillir une magnifique gerbe de pétrole, qui d'un premier bond atteint 80 pieds (25 *m*) de hauteur, et d'un second 120 pieds (36,5 *m*).

Un léger vent incline la gerbe et l'étale en panache, ce qui augmente la beauté du spectacle.

On laisse le jet fonctionner un moment, puis on obture la tête du puits au moyen d'un bouchon portant un tube permettant de diriger le liquide dans un réservoir.

Dans les environs de ce puits s'en trouve un autre qui produit du gaz à une très haute pression. Pour nous donner une idée de cette tension, on ouvre l'extrémité du tube qui a 0,040 *m* de diamètre et on allume le jet. Aussitôt une gerbe immense de feu se produit et un bruit assourdissant se fait entendre à une grande distance ; à 10 *m* du jet il est impossible de parler à son voisin.

La pression dans le tube est de 170 livres par pouce carré (12 *kg* par centimètre carré) et on nous dit que certains puits donnent du gaz à la pression de 500 livres (35 *kg*).

Le gaz naturel est conduit au moyen de tuyaux jusqu'à Pittsburg où beaucoup d'usines l'emploient comme combustible.

Le pétrole sortant des puits est envoyé dans des réservoirs d'où on l'extrait au moyen de pompes qui le refoulent jusque sur les bords de l'Atlantique dans une conduite de 283 milles (455 *km*) de longueur.

Il y a cinq stations de pompes sur ce parcours.

La première, que nous visitons, se compose de deux pompes ayant 6 pouces de diamètre (0,152 *m*) et 36 pouces de course (0,914 *m*); elles refoulent 7 800 barils de 42 gallons par vingt-quatre heures, soit 61,44 m^3 par heure.

Elles sont actionnées par deux machines à vapeur fournissant ensemble 220 *chx* et la pression de refoulement est de 1 100 à 1 200 livres par pouce carré (77 à 85 *kg* par centimètre carré).

On peut pousser la pression jusqu'à 1 400 livres par pouce carré (98,5 *kg* par centimètre carré), quand on a besoin d'augmenter le débit.

Nous allons ensuite visiter une usine où se fait le traitement des minerais venant de l'Ouest et d'où l'on extrait l'or, l'argent, le plomb et autres métaux par des procédés électriques.

Pour la suite de l'excursion, nous nous divisons en deux sections : l'une va visiter la Westhinghouse Electric C° et l'autre se dirige sur la Westhinghouse Break C°.

Ces deux usines, outillées d'une façon grandiose, présentent beaucoup d'intérêt pour les spécialistes ; malheureusement l'état de stagnation des affaires aux États-Unis, en ce moment, a obligé de restreindre énormément leur production et beaucoup d'ateliers sont au repos.

L'usine de la Westhinghouse Break C° est outillée pour produire 500 freins pour wagons et 100 freins pour voitures par jour.

L'atelier des machines-outils contient 800 machines.

La fonderie, où tout le moulage se fait mécaniquement, est supérieurement organisée et elle peut produire 65 *t* par jour.

En rentrant en ville, nous visitons une immense maison en construction.

La carcasse, tout en fer, est presque terminée jusqu'au sommet et on va commencer le revêtement en briques et en pierres qui donnera au bâtiment son aspect définitif.

Le samedi 23 septembre nous nous embarquons sur un vapeur, le *Mason*, qui nous fait remonter le Monongahela jusqu'à Homestead où nous visitons les immenses établissements de Carnegie et Cie puissamment outillés pour la production de l'acier, le laminage des profilés jusqu'à 0,60 *m* de hauteur, le laminage des plaques de blindages et leur travail d'ajustage au moyen de colossales machines-outils.

Nous nous rembarquons et nous redescendons le cours du Monongahela jusqu'au confluent avec la rivière Allegheny que nous remontons pendant quelques kilomètres.

Nous passons sous un grand nombre de ponts qui forment une collection très intéressante comprenant presque tous les types connus, depuis les anciens ponts en bois entièrement fermés jusqu'aux magnifiques ponts modernes en acier à très grandes portées.

Nous redescendons l'Allegheny-River et nous suivons le cours de l'Ohio jusqu'à l'île Bernot que nous contournons pour admirer le grand pont qui la traverse ainsi que les deux bras de l'Ohio qui sont franchis par des travées de 160 *m* d'ouverture.

Puis nous débarquons à l'embouchure de l'Allegheny-River et nous allons visiter une belle usine de production d'électricité pour un réseau de tramways dont les voitures nous ramènent à l'hôtel.

Nous avons pu recueillir sur cette installation toute récente les données suivantes :

Longueur du réseau . . . . . 16,5 milles = 26,55 *km*.
Nombre de voitures en service. 50

Travail moteur dépensé par la machine à vapeur actionnant les dynamos :

En été	400 *chx*
En hiver	700 à 800 *chx*
Dynamos à 4 pôles faisant	400 tours par minute.
Tension.	500 volts.

Dépenses d'installation :

Par car et par mille	0,96 cent =	0,031 *f* par kil.
Par cheval-vapeur-heure	0,65 cent =	0,034 *f*
Par kilowat-heure.	0,86 cent =	0,045 *f*

La dépense en charbon est la suivante :

Par car et par mille	0,4 cent =	0,013 *f* par kil.
Par cheval et par heure.	0,27 cent =	0,014 *f*
Par kilowat-heure.	0,36 cent =	0,019 *f*

Le soir, nous avons invité nos collègues américains à un dîner d'adieu qui a été très cordial. Aux remerciements adressés par le Président de votre délégation, les membres du Comité de réception ont répondu en regrettant la brièveté de notre séjour et en se mettant à la disposition de ceux de nos membres qui, désirant visiter avec plus de détails certaines usines, seraient tentés de rester plus longtemps à Pittsburg. Plusieurs d'entre nous ont profité de cette aimable invitation et ont prolongé leur séjour dans cette région si industrielle et si active.

La journée du dimanche 24 septembre est employée à nous transporter à Washington en traversant un joli pays, surtout dans la partie montagneuse des Alleghany, que la disposition bien commode du wagon-observatoire qui termine notre train nous permet d'admirer à notre aise.

Le tracé de la ligne, dans cette région accidentée, est vraiment remarquable, et certains passages, tels que le Horse-Shoe, si connu, sont admirables.

Notre train parcourt toute cette section, où les courbes sont si nombreuses, avec une vitesse très grande, et on fait instinctivement la comparaison entre le petit rayon de ces courbes qui descend jusqu'à 573 pieds (175 *m*) et la grande longueur des véhicules (jusqu'à 23 *m*), qui circulent dessus à la vitesse de 30 milles (48 *km*) à l'heure.

Le lundi 26 septembre nous visitons en voiture les beaux quartiers et les squares de Washington, en nous arrêtant aux principaux édifices, tels que le Capitole, le monument de Washington, le Ministère de Guerre et Marine, etc.

Le Capitole, où se trouvent réunis la Chambre des députés, le Sénat et la Cour suprême des États-Unis, est un immense monument d'un très bel aspect et très bien situé pour être vu de loin de plusieurs points de la ville.

Le monument de Washington est une grande pyramide creuse en marbre blanc à base carrée qui a 555 pieds (169 *m*) de hauteur totale, une section au niveau du sol de 18 *m* environ de côté à l'extérieur et 10 *m* environ à l'intérieur.

Un ascenseur porte les voyageurs à une hauteur de 500 pieds (152 *m*) au-dessus du sol, sur un plancher qui est au niveau de la base du pyramidon terminant le monument.

Deux lucarnes percées dans chacune des faces permettent de voir la ville et ses environs ainsi que le cours du Potomac sur la rive duquel s'étend la capitale des États-Unis.

Nous allons ensuite visiter l'arsenal où se fabriquent notamment les canons destinés à la flotte en création.

Après le déjeuner nous nous rendons à la Maison Blanche, résidence du Président de la République des États-Unis d'Amérique, où M. Cleveland nous reçoit de la façon la plus aimable.

Le Président de votre délégation lui est présenté, un échange de poignée de main et de quelques paroles de circonstance a lieu; puis je présente à M. le Président de la République chacun des membres présents de notre Société.

Après la réception à la Maison Blanche nous partons pour Mont-Vernon où se trouve la maison qu'habita Washington jusqu'à sa mort et le parc dans lequel se trouvent ses deux tombeaux.

La maison est transformée en un musée qui contient, en outre des meubles, une quantité d'objets rappelant le fondateur de la République américaine ou se rapportant à la guerre de l'Indépendance.

La propriété est admirablement située sur le bord du Potomac et la maison est d'une grande simplicité.

En revenant de Mont-Vernon je me rends chez M. Patenôtre, Ambassadeur de France aux États-Unis, à qui je remets la lettre de M. le ministre des Affaires étrangères accréditant notre Société auprès de lui.

M. l'Ambassadeur qui avait bien voulu venir de Newport où il était en villégiature, pour recevoir le Président de votre délégation, lui fait le plus charmant accueil.

Il lui adresse les paroles les plus flatteuses pour notre Société ; il s'enquiert avec beaucoup d'intérêt du but de notre excursion et des facilités que nous avions trouvées pour l'accomplissement de notre mission. Il termine l'entretien en offrant son intervention dans tous les cas où elle pourrait nous être utile.

Le mardi 26 septembre, départ de Washington avec trois délégués du Comité de réception de Philadelphie qui sont venus au-devant de nous et sont arrivés la veille au soir.

A notre entrée en gare de Philadelphie nous sommes reçus par le Président du Comité, M. Birkenbine ; M. Vossion, Consul de France, et les Ingénieurs de la Pennsylvania Railroad.

Après un échange de paroles courtoises nous visitons en détail la gare qui est en construction, mais dont l'immense halle est terminée ; elle a une ouverture de 305 pieds (93 *m*) et présente un aspect grandiose.

Nous nous mettons en route pour le nouvel Hôtel de Ville où M. le Maire de Philadelphie nous souhaite la bienvenue dans les termes les plus chaleureux auxquels je réponds.

M. le Consul de France présente le Président de votre délégation qui, à son tour, présente à M. le Maire chacun de ses membres.

La réception a lieu dans le grand salon de l'Hôtel de Ville orné pour la circonstance de drapeaux américains et français.

M. le Maire nous présente ses chefs de service et, sous la conduite de l'architecte qui est chargé de la direction des travaux, nous faisons la visite de cet immense édifice, pour la construction duquel on a déjà dépensé 17 millions de dollars.

Du haut de la tour qui est fort élevée on a une vue magnifique sur la ville et ses environs ; nous remarquons sur la dernière plate-forme des colonnes en fonte de grandes dimensions qui sont recouvertes d'une mince épaisseur d'aluminium déposé galvaniquement pour les préserver de l'oxydation. C'est, je crois, la première application en grand de l'aluminium pour cet usage.

En sortant de l'Hôtel de Ville nous parcourons les différentes galeries d'un immense magasin dans le genre du « Bon Marché », à Paris, et nous allons ensuite visiter la grande gare, en construction, du Philadelphia and Reading Railroad.

Cette gare, dont le sous-sol est occupé par un marché très important et une quantité de chambres réfrigérantes, est de proportions gigantesques, comme presque toutes les gares terminus aux États-Unis.

La halle qui est d'une seule portée, a la forme ogivale ; des tirants placés en dessous du plancher qui supporte les voies annulent la poussée des arcs.

L'aménagement intérieur est très luxueux et les commodités offertes aux voyageurs sont très grandes.

Un certain nombre de nos collègues que ces questions intéressent s'attardent avec le Président du Comité de réception, dans l'examen détaillé de cette belle gare et nous arrivons à l'ancien Hôtel de Ville trop tard pour entendre un magnifique discours que M. Smith, ancien ambassadeur des États-Unis en Russie, a prononcé à l'arrivée de nos autres collègues à qui il fait les honneurs du musée installé dans la salle où fut signé « l'acte d'indépendance » et dans les autres parties du bâtiment.

M. Pillet, notre collègue, a bien voulu dans cette circonstance remplacer le Président de notre délégation absent et a répondu à M. Smith en des termes qui ont obtenu l'approbation de tous.

Le soir, réception et souper au club des Ingénieurs.

Le mercredi 27 septembre, nous prenons un train spécial mis à notre disposition par la Compagnie du chemin de fer Philadelphia and Reading et nous traversons le faubourg de la ville pour arriver à Port-Richemond où se trouvent les chantiers de constructions navales de MM. Cramp and Sons.

Cet établissement où se trouvent en ce moment, en construction, plusieurs navires de la marine de guerre des États-Unis actuellement en formation, est monté sur un très grand pied.

Les ateliers de chaudronnerie et ceux pour la construction des machines à vapeur sont puissamment outillés et très commodément disposés.

Nous visitons les ateliers où se fabriquent les canons et les projectiles, puis nous visitons la fonderie de cuivre qui produit une qualité de bronze manganèse spécial pour les hélices et certaines pièces de machine.

Ce métal forgé a une résistance à la rupture de 100 000 livres par pouce carré (70 *kg* par millimètre carré) avec un allongement de 28 0/0 mesuré sur 2 pouces (0,051 *m*), l'éprouvette ayant une section ronde de 1 pouce carré, soit un diamètre de 0,0288 *m*.

Le même métal simplement fondu a une résistance de rupture de 70 000 livres par pouce carré (49 *kg* par millimètre carré),

Une grue flottante de 125 tonnes et d'une grande portée attire notre attention ainsi qu'une machine à matter les tôles des coques de navire.

Cette machine portative très maniable est actionnée par l'air comprimé; elle peut aller dans tous les endroits, même les plus difficiles d'accès, et elle fait un travail excellent tout en ventilant les espaces dans lesquels elle fonctionne.

Nous visitons plusieurs croiseurs à différents degrés d'avancement et notamment le *Columbia* à trois hélices qui doit faire 21 nœuds et est actionné par trois machines à triple expansion de la force de 7 000 *chx* chacune.

Le croiseur *New-York* qui est sorti dernièrement des chantiers Cramp and Sons a subi avec succès toutes les épreuves imposées, et comme il a donné une vitesse supérieure à celle de 20 nœuds, exigée par le cahier des charges, les constructeurs ont touché une prime importante.

C'est dire que la Compagnie Cramp and Sons obtient dans la construction des navires de guerre les mêmes succès que dans la construction des grands navires de commerce et des transatlantiques qui sortent de ses chantiers.

MM. Cramp nous font eux-mêmes avec la plus aimable courtoisie, les honneurs de leurs vastes établissements; ils nous offrent au milieu de la journée un lunch somptueux, et au moment du départ ils ont l'amabilité de me remettre, pour notre Société, deux superbes photographies du croiseur le *New-York*, dont je viens de vous entretenir.

Nous quittons les chantiers Cramp and Sons sur un bateau mis gracieusement à notre disposition par M. le Maire de Philadelphie, et nous assistons, au large, à une manœuvre de pompe très intéressante faite par un fire-boat appartenant à la ville.

Ce bateau porte 8 amorces de tuyaux de 2 pouces de diamètre (0,051 *m*) et à l'avant une buse de 4 pouces (0,102 *m*), qui peut s'orienter de toutes les façons au moyen de deux volants.

La pression de l'eau est de 240 livres par pouce carré, soit 17 *kg* par centimètre carré, ce qui permet de donner aux jets une amplitude considérable.

Après ce spectacle imposant qui provoque les applaudissements de tous, nous remontons le Delaware pendant un certain temps, puis nous redescendons ce beau fleuve pour nous rendre compte de l'importance du port de Philadelphie et de ses moyens d'action.

Le jeudi 28 septembre, nous nous séparons en deux groupes : l'un se dirige sur Reading pour voir les grands ateliers de la Carpenter Steel C°, et l'autre va visiter les ateliers de construction de Baldwin et de Sellers, ainsi que les travaux hydrauliques de Fairmont.

Les établissements Carpenter, à Reading, sont très beaux. Ils fabriquent notamment des aciers spéciaux pour outils d'une dureté considérable et des projectiles de tous genres pour la grosse artillerie. Leur outillage est puissant et leurs produits remarquables sous tous rapports.

Les membres de notre délégation qui sont allés à Reading sont reçus d'une façon toute à fait cordiale par M. Carpenter qui leur offre un lunch et leur facilite, dans l'après-midi, la visite, en voiture, des environs qui sont d'une remarquable beauté.

Le retour à Philadelphie se fait comme pour l'aller par un train spécial que la Pennsylvania Railroad C°, avait mis à notre disposition.

Les membres faisant partie de la seconde expédition vont visiter les ateliers si puissamment outillés et admirablement organisés de Baldwin, ainsi que ceux du constructeur universellement connu William Sellers.

Ils remarquent dans ces deux établissements des machines intéressantes et des engins puissants, pour la manœuvre rapide et commode de grandes masses, telles qu'une locomotive entière par exemple.

La visite des water-works de Fairmont est aussi très intéressante. Le soir, à 6 heures, nous nous retrouvons tous réunis, Américains et Français, au Manufacturer's Club, où un diner d'adieu nous est offert par nos collègues de Philadelphie, sous la présidence de M. Birkinbine, Président du Comité de réception, et auquel assistent MM. Cramp et Carpenter, ainsi que M. le Consul de France.

A la fin du repas, M. le Président Birkinbine prononce un excellent discours et nous souhaite un bon voyage de retour en France. Le Président de votre délégation répond dans les termes suivants pour remercier tous nos collègues américains de l'accueil si cordial et si empressé que nous avons reçu partout où nous nous sommes arrêtés aux États-Unis.

Voici le texte de ce discours dans lequel j'ai pris en votre nom des engagements que vous ratifierez avec empressement, puisqu'ils se rapportent à l'accueil que nous réservons aux Ingénieurs américains quand ils reviendront en France, ce qui est dans l'intention de beaucoup d'entre eux.

« Monsieur le Président,

» Messieurs,

» Nous sommes arrivés au terme de notre voyage aux États-
» Unis et je profite de la réunion plénière que votre courtoisie
» nous a ménagée, au moment de notre départ, pour remercier,
» en vous, les diverses Sociétés d'Ingénieurs américains de l'hos-
» pitalité si complète et si cordiale qu'elles ont offerte à ceux des
» membres de la Société des Ingénieurs Civils de France qui ont
» eu la bonne fortune de venir dans votre beau pays.

» Nous emportons un ineffaçable souvenir de ce temps passé
» au milieu de vous et pendant lequel nous avons pu admirer,
» sans réserves, les progrès que vous avez fait accomplir à l'art
» de l'Ingénieur.

» Et, devant toutes ces merveilles que vous avez accumulées,
» en cette patrie de la hardiesse, nous avons ressenti non seule-
» ment de l'admiration, mais encore, nous vous le disons sans
» arrière-pensée, une véritable joie.

» N'y a-t-il pas toujours eu, entre Américains et Français,
» une affection assez grande pour exclure toute idée de rivalité
» jalouse ?

» Cette fraternité qui unit les deux Républiques sœurs, acquise
» dès l'origine par le sang versé en commun, ne s'affirme-t-elle
» pas en effet chaque jour, par le travail pacifique qu'elles prati-
» quent avec ardeur et sans découragement ?

» Aussi sommes-nous heureux d'être à côté de vous et de pren-
» dre quelque peu notre part à votre joie du triomphe ; car rien
» de ce qui vous intéresse ne saurait nous être étranger.

» Il me semble que notre rôle de travailleurs, à nous Ingé-
» nieurs, dans ces pays libres, est de montrer le chemin aux
» autres nations et que notre grand souci doit être d'y marcher
» toujours en tête.

» Une communauté de vues est donc nécessaire entre nous.

» Restons unis avec cette idée que, jusqu'à ce jour, la France
» et l'Amérique ont été les grands pays d'origine de la liberté et
» de la civilisation.

» C'est pourquoi ces cordiales visites devraient être fréquentes,
» entre nous, pour créer constamment une entente par la consta-

» tation des progrès de chacun et par l'enseignement que, les uns
» et les autres, nous en pourrons tirer.

» Aussi, Messieurs, est-ce « au Revoir » que je vous dis et non
» pas « Adieu ».

» Dans quelques années vous viendrez dans cette France qui
» vous rend bien la sympathie que vous avez pour elle et qui
» vous recevra comme ses enfants.

» Vous y constaterez, je l'espère, que nous ne restons pas en
» retard et vous trouverez, sans doute, dans nos travaux, l'in-
» fluence bienfaisante de vos idées.

» En attendant que nous ayons le plaisir d'être de nouveau
» réunis, je bois, Messieurs, à la prospérité des États-Unis et à la
» santé de tous ses Ingénieurs, nos éminents et sympathiques
» collègues. »

Après quelques autres discours prononcés par nos collègues américains et français et par M. le Consul de France, le Président de votre délégation profite de l'occasion de la dernière réunion en Amérique, où tous ses membres sont présents, pour remercier chaleureusement M. de Chasseloup-Laubat de la part qu'il a prise dans l'organisation de notre excursion, qui a été si réussie, si bien coordonnée, et dont tous ceux qui y ont pris part conserveront le meilleur souvenir.

Ces remerciements, bien mérités, ont reçu l'approbation de tous et je vous demande, Messieurs, de les ratifier au nom de la Société.

L'heure du départ étant arrivée, nous partons tous pour la gare de Pennsylvania Railroad où notre train nous attend.

De nouveaux souhaits de bon voyage nous sont adressés par M. le Président du Comité de réception et par M. le Consul de France.

Nous serrons la main à tous nos excellents confrères et compatriotes, et au moment où notre train se met en route, des voitures et du quai d'embarquement partent de formidables cris de « Vivent les États-Unis ! », « Vive la France ! »

Dans la soirée nous arrivons à Jersey-City; nous prenons un ferry-boat qui nous mène à New-York, où nous avons la journée du vendredi pour nous préparer à refaire la traversée de l'Atlantique.

Une partie des nôtres se séparent du groupe pour aller faire une excursion complémentaire au Canada, dont le compte rendu vous sera fait ultérieurement, et les autres s'embarquent, le samedi matin, sur *la Bourgogne*, où ils reçoivent, au moment du départ, par des lettres et des télégrammes signés de M. le Consul de France à Philadelphie, de M. Chanute, de Chicago, et de M. Woods, de Boston, de nouveaux souhaits de bon voyage envoyés tant en leur nom personnel qu'au nom de nos compatriotes et de nos collègues américains.

Une semaine entière de mauvais temps nous fait paraître longue cette traversée, malgré l'amabilité du commandant du paquebot.

Enfin, le dernier jour, le temps se met au beau; les côtes de France apparaissent à l'horizon, et, le soir du dimanche 8 octobre, nous débarquons, tous en bonne santé, sur le quai du Havre.

Nous nous séparons pour rentrer chacun dans ses foyers, emportant le meilleur souvenir de ce long, mais très intéressant et très instructif voyage, fait en commun, et pendant lequel beaucoup d'entre nous ont noué des relations d'amitié qui ne feront que se consolider pour le plus grand bien de notre Société.

Vous connaissez maintenant, Messieurs, l'emploi de notre temps pendant notre absence de France. Si nous sommes arrivés à un si beau résultat, nous le devons à la courtoisie et au dévouement de nos collègues américains, à l'empressement avec lequel les administrations publiques et privées, les Compagnies de chemins de fer, aussi bien que les Compagnies industrielles et commerciales nous ont facilité le voyage, nous ont ouvert les portes de leurs établissements et nous ont fourni tous les renseignements et tous les documents qui pouvaient nous intéresser.

En dehors des visites dont je vous ai parlé ci-dessus, un grand nombre d'entre nous en ont fait d'autres qui les intéressaient particulièrement; et partout ils ont trouvé, sur la présentation de nos collègues américains, le même accueil, le même empressement. Tous les clubs importants des grandes villes où nous nous sommes arrêtés nous ont gracieusement envoyé des cartes de membres temporaires pour la durée de notre séjour.

Nous avons été extrêmement touchés de la manière affable dont nous avons été reçus partout et toujours, aussi bien par les Américains que par les représentants de la France aux États-Unis.

Le Président de votre délégation a, toutes les fois qu'il en a trouvé l'occasion, exprimé ses sentiments de reconnaissance, et je vous demande, Messieurs, de vouloir bien vous y associer pour reconnaître, dans une faible mesure, les égards dont vos collègues ont été comblés et qui, en réalité, s'adressaient à votre Société, dont nous étions les heureux et fortunés représentants.

Je ne terminerai pas sans vous demander aussi de voter des remerciements à MM. de Chasseloup-Laubat, Pillet, Halberstma, Turettini et de Dax, qui, dans les circonstances assez nombreuses où plusieurs discours devaient être prononcés, ont bien voulu prêter le concours de leur parole éloquente et toujours applaudie.

Enfin, nous n'oublierons pas les services nombreux et répétés que notre excellent et infatigable Secrétaire Général, M. de Dax, nous a rendus pendant le long voyage que nous venons d'effectuer.

Le Président de votre délégation, dont la tâche était souvent lourde, lui est tout spécialement reconnaissant du concours dévoué qu'il a trouvé en lui.

Me voici arrivé, Messieurs, à la fin de mon compte rendu; il a peut-être été un peu long; mais il y avait à relater tant de choses et tant de faits, qu'il m'eût été difficile d'être plus bref sans risquer d'omettre un point intéressant de ce beau et instructif voyage, qui aura certainement les meilleurs résultats pour notre Société, qu'il aura contribué à faire connaître.

J'espère que le récit bien écourté de notre expédition éveillera chez beaucoup de nos collègues le désir de visiter les États-Unis, et je leur souhaite de mettre leur projet à exécution. Ils sont sûrs de trouver là-bas un excellent accueil et ils en rapporteront des enseignements et des souvenirs qui, répandus en France, feront mieux connaître et apprécier ce grand pays, ami du nôtre.

Je termine, Messieurs, en vous disant que je suis très heureux et très fier de m'être trouvé à la tête de votre délégation aux États-Unis; une seule crainte m'empêche de goûter toute la satisfaction que j'en éprouve, c'est celle de n'avoir pas été à la hauteur d'un rôle qu'il eût été si important pour notre Société de voir tenu par un membre plus autorisé et surtout par notre éminent Président, M. Jousselin.

Extrait du Procès-verbal de la séance du 20 octobre 1893.

M. le Président déclare qu'il n'a rien à ajouter aux applaudissements qui viennent d'accueillir le compte rendu de M. Rey. Il dit que c'est certainement à lui qu'on doit la plus grande part du succès de cette excursion, tant au point de vue technique qu'à celui de nos relations futures avec les Ingénieurs des États-Unis.

M. le Président propose à la Société de voter séance tenante des remerciements à tous les Ingénieurs, Sociétés, Compagnies et Associations d'Ingénieurs d'Amérique qui ont accueilli nos collègues d'une façon si cordiale et si amicale, ainsi qu'à M. L. de Chasseloup-Laubat pour la part qu'il a prise dans l'organisation de cette excursion si bien réussie.

Ces remerciements sont votés par acclamations.

EXCURSION COMPLÉMENTAIRE

AU CANADA

ET A BOSTON

PAR

M. A. De DAX

Tandis qu'une partie de nos collègues se préparaient à prendre le paquebot *la Bourgogne*, pour rentrer en France, quelques-uns d'entre nous (1) partaient de New-York, le vendredi 6 octobre, pour passer quelques jours au Canada, revenir par Boston et quitter enfin définitivement les États-Unis huit jours plus tard.

Notre premier objectif était de descendre le Saint-Laurent, de Clayton à Montréal, par le bateau du samedi matin. Mais en route nous apprenions que les horaires étaient changés depuis la veille et qu'aucun train régulier ne pouvait nous permettre d'arriver en temps voulu à Clayton.

Groupés dans un wagon dont nous avions la libre disposition grâce à l'amabilité intéressée du chef de la voiture, nous décidâmes de demander un train spécial. Après un échange rapide de dépêches envoyées et reçues en cours de route, nous fûmes assurés de trouver, en arrivant à Carthage, point terminus du train régulier, un train spécial pour nous conduire à Clayton.

En effet, aussitôt à cette station, notre wagon, qui était le dernier du train, fut détaché et nous restâmes au milieu de la voie sans être protégés par les signaux ou feux d'aucune sorte. Bientôt une locomotive vint auprès de notre wagon, mais les attelages ne correspondaient pas. Sans hésiter, le mécanicien prit dans son caisson à outils, un fort maillon allongé puis deux broches et notre attelage fut ainsi réalisé. C'était en somme celui des bennes des mines à charbon.

(1) Ce sont MM. Billaudot, Brancher, Cornaille, de Dax, Domange, Dumont, Goblet, Krieg, Lombart, Lordereau, Ostermann, Supplisson.

Quelques instants après, nous quittions Carthage et arrivions une heure et demie plus tard à Clayton, après avoir, sur le parcours, subi de nombreux arrêts. Tantôt c'était un train de marchandises qui était en travers de la voie, sur une autre ligne perpendiculaire à notre direction. Nous stoppions, le mécanicien descendait, et après un instant de conférence avec son collègue de l'autre train, ce dernier manœuvrait pour nous laisser passer. Ou bien il fallait nous garer pour éviter quelque train venant en sens inverse sur l'unique voie de la ligne. Tout cela se faisait en pleine nuit, sans signaux, sans sifflet, sans qu'il parût y avoir de chef de mouvement, et ne manquait pas d'un certain pittoresque.

Après une nuit excellente, mais un peu écourtée, passée dans l'hôtel de Clayton, où nous étions arrivés assez tard dans la nuit, nous étions debout de bon matin pour admirer la vue splendide du Saint-Laurent et des Mille-Iles (Thousand-Islands). Bientôt nous embarquions sur le steamboat qui descend le fleuve jusqu'à Montréal.

Le temps était clair, le soleil radieux et les points de vue incessamment variés se déroulaient devant nos yeux, sans que nous puissions nous lasser de les contempler.

Après le Niagara, c'est certainement un des beaux spectacles qu'offre l'Amérique.

Non sans quelque émotion, nous franchissons les rapides de Long-Sault, sous l'œil paternel du pilote indien, bien déchu de son ancienne splendeur, et arrivons au village de Lachine vers 7 heures, trop tard pour descendre les grands rapides ce soir-là. Prenant le train qui stationnait sur le quai, près des écluses, nous arrivâmes à Montréal quelques minutes après, le samedi soir.

Cette ville peut être considérée comme divisée en deux parties bien distinctes, la ville haute ou ville anglaise, et la ville basse ou ville française, dans laquelle nous retrouvions avec plaisir l'aspect de nos vieilles cités de France. Langage, habitudes, tout était français, et le pavillon tricolore qui flottait sur l'une des tours de la cathédrale catholique nous prouvait combien les Canadiens ont conservé le souvenir et le culte de la mère-patrie.

Après avoir, le lendemain matin, descendu les rapides de Lachine, nous fîmes une visite fort intéressante aux travaux d'amélioration du port de Montréal, puis aux divers monuments de la ville.

Cette dernière est sillonnée par de nombreuses lignes de tramways électriques à trolls avec retour du courant par les rails, mais dont l'entretien nous a paru assez défectueux. Constamment, en effet, les dynamos motrices des voitures, aussi bien que les trolls ou que les roues au contact des rails, lançaient des étincelles électriques qui, par moment, atteignaient les proportions d'un véritable feu d'artifice. L'usine de production de force motrice et l'exploitation doivent s'en ressentir.

Le lundi, nous faisions une excursion matinale au mont Royal (mont Real), qui domine la ville et d'où la vue est splendide. C'est le lieu de rendez-vous et de promenade des habitants, et nous pûmes examiner un funiculaire destiné à faciliter l'ascension de la colline, funiculaire qui, du reste, ne présente rien de particulier.

De retour à l'hôtel Windsor, nous étions rejoints par deux de nos collègues qui avaient pris chacun une route différente de la nôtre au départ de New-York.

Les émotions ne leur avaient pas non plus manqué.

L'un d'eux avait été témoin d'un horrible accident. A un passage à niveau, l'éperon de la locomotive avait atteint une voiture qui traversait imprudemment la voie à ce moment, et les deux personnes qui se trouvaient dans la voiture avaient été tuées, tandis que le cheval s'en tirait sain et sauf.

Le second, moins fortuné encore, ayant pris un train qui ne le menait pas directement à destination, avait dû, au milieu de la nuit, quitter son confortable sleeping-car, non sans avoir une explication des plus orageuses avec les employés. Bien entendu, les difficultés qu'on lui opposait avaient soudain disparu devant le dieu Dollar, et tout s'était ensuite arrangé pour le mieux.

Embarqués le soir sur un steamboat à destination de Québec, où nous devions arriver le mardi matin, nous trouvâmes à bord Mme de Lavallée-Poussin, femme de notre collègue et correspondant au Canada, et qui se rendait comme nous à Québec, pour y rejoindre son mari. La soirée fut charmante, et nous eûmes de plus, vers 10 heures et demie, le spectacle d'une aurore boréale assez belle.

Arrivés à Québec à 8 heures et demie du matin, nous étions, à 9 heures, les hôtes de notre collègue, M. de Lavallée-Poussin, qui, très aimablement, se mit à notre entière disposition. Il nous fit visiter successivement la citadelle, les champs de bataille où tombèrent autrefois Montcalm et Wolf, puis nous mena au palais du Gouvernement, où nous fûmes reçus de la façon la plus cordiale.

Mais notre temps était limité. Un déjeuner d'adieu nous était gracieusement offert par M. et Mme de Lavallée-Poussin, et à 2 heures nous quittions, bien à regret, nos aimables hôtes pour regagner les États-Unis.

Après une nuit passée dans d'excellents sleepings, nous arrivâmes le mercredi matin à Boston où nous attendait le comité de réception (1) qui devait nous faire visiter la ville et les travaux. Nous retrouvons en même temps trois de nos collègues, MM. Bidermann, Ch. Marteau et Paciuréa.

La première journée fut consacrée à visiter les tramways électriques (Boston est la première ville où ils furent installés), le parc splendide qui environne la ville, les travaux d'eaux et d'alimentation de Chestnut-Hill, l'Institut de technologie, où nous avons pu remarquer un laboratoire d'essai muni de machines très bien combinées.

Après un luxueux déjeuner à l'Union-Club offert par nos Collègues, nous prenons un bateau à vapeur mis à notre disposition par M. Carter, surintendant de la Voirie et des Égouts, et nous visitons le port, les machines élévatoires du Service des égouts, les réservoirs de Moon-Island et le débouché des égouts dans la mer.

(Les renseignements sur ces travaux considérables sont déposés dans notre bibliothèque.)

Le lendemain, jeudi, un train spécial, gracieusement offert par le Directeur général et l'Ingénieur de la Compagnie Boston and Maine, nous emmenait de bonne heure visiter les travaux du barrage sur la rivière Merrimack, puis de là aux grandes filatures dites Pacific et Washington Mills.

Un excellent lunch nous était offert par ces messieurs dans le local du Club construit sur la rivière même dans une situation charmante, puis nous visitions les travaux d'installation des bassins pour le filtrage des eaux et nous rentrions à Boston où nous prenions congé définitif de nos Collègues des États-Unis.

Arrivés à Fall-River par le train du soir, nous nous embarquions sur le steamer le *Puritan* *(voir page 10)* qui nous ramena à New-

(1) Ce comité était composé de MM. le Prof. W. Watson, Président; H.-D. Woods, Secrétaire; John Freeman, Président de la Société des Ingénieurs civils de Boston; Tinkham, Secrétaire, et de MM. A.-F. Noyes, H.-H. Carter, Geo. S. Rice, Desmond Fitzgerald, F. Brooks, Prof. Lanza, C.-J.-H. Woodbury, J.-T. Boyd, E.-W. Howe, J.-A. Tilden et Th. Doane.

York après une navigation de nuit très agréable dans le golfe de Long Branch.

La journée de vendredi fut consacrée dans cette ville aux derniers préparatifs et le samedi, à deux heures, nous quittions définitivement les États-Unis par le paquebot de la Compagnie transatlantique *la Bretagne*.

Au sortir de la rade de New-York, nous eûmes le spectacle féerique de la course entre les deux voiliers *Walkyrie* et *Vigilant* pour la possession de la coupe America. Depuis 1851 entre les mains des Américains, cette coupe y est encore restée cette année.

Nous eûmes la bonne fortune de retrouver à bord quelques-uns de nos Collègues qui s'étaient, comme nous, un peu attardés aux États-Unis.

Aussi la traversée fut-elle fort gaie et agrémentée de quelques incidents des plus amusants, et, le 15 octobre, nous étions au Havre.

Qu'il me soit permis, en terminant, de remercier, au nom de tous mes compagnons de route pendant ce petit voyage, nos si aimables hôtes du Canada ainsi que les Ingénieurs de Boston dont l'accueil si cordial et si chaleureux nous a laissé de profonds et agréables souvenirs.

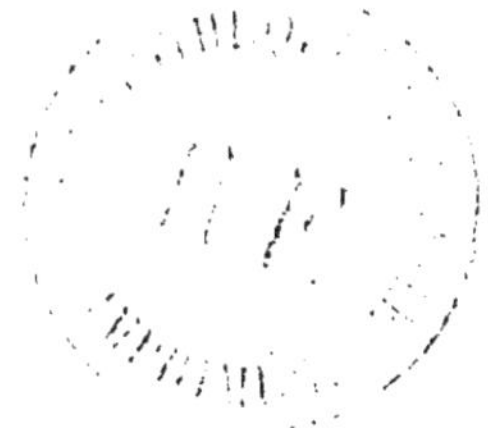

IMPRIMERIE CHAIX, RUE BERGÈRE, 20, PARIS. — 25864-10-93. — (Encre Lorilleux).

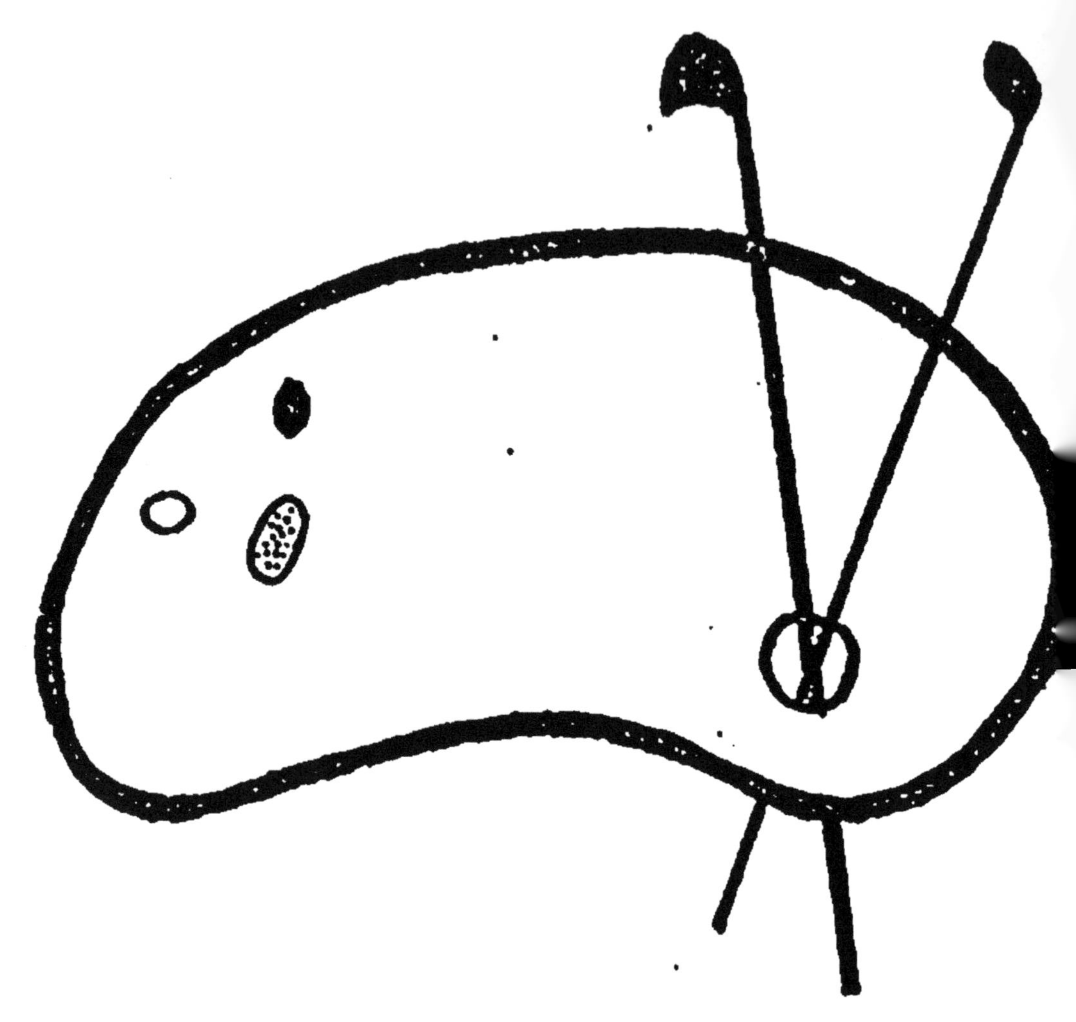

www.ingramcontent.com/pod-product-compliance
Ingram Content Group UK Ltd.
Pitfield, Milton Keynes, MK11 3LW, UK
UKHW020353250726
13967UKWH00005B/2254

9 782013 380973